新华美誉

童眼看世界
TONGYAN KAN SHIJIE

认世界

北京理工大学出版社
BEIJING INSTITUTE OF TECHNOLOGY PRESS

U0182869

写给小读者

　　亲爱的小朋友，你出过国吗？你知道世界上共有多少个国家和地区吗？你知道世界上有几种肤色的人吗？他们都说什么语言、穿什么样的衣服、吃什么样的饭，你想了解吗？

　　如果你想了解这一切——想了解世界有多大、想了解这个世界有多美丽，那就看这本书吧。它将带着你走遍世界，探知世界各国的美丽和富饶。

目录

亚洲

　　亚洲，世界七大洲中面积最大、人口最多的一个洲，人口总数约为44.27亿人，占到世界总人口的60.5%。亚洲拥有世界上最高的山峰——珠穆朗玛峰；最深的湖泊——贝加尔湖；以及最低的洼地——死海。亚洲历史悠久、文化丰富，世界四大文明古国有三个位于亚洲……

中国

中国，全称中华人民共和国，位于亚洲东部，太平洋西岸，首都北京。中国是四大文明古国之一，有着五千多年的历史文化。中国是世界上人口最多的国家，人口数量约14亿人。

国家风采

中国是一个历史悠久的多民族国家，汉族与少数民族被统称为"中华民族""龙的传人"等。在世界四大文明中，只有中国没有出现文明中断的现象，历史十分悠久，号称"中华文明上下五千年"。中国光辉灿烂的文化（如中国的文字、饮食、中医、艺术以及四大发明等）对世界都有广泛的影响，尤其对亚洲很多国家有深远的影响，其中又以日本、韩国受影响较大。

北京——中国的首都，有着悠久的历史和灿烂的文化，是中国四大古都之一，也是世界上拥有世界文化遗产数最多的城市。

9

印度

印度，南亚次大陆最大的国家，首都新德里。印度也是仅次于中国的第二人口大国，约有人口 13.2 亿人。印度经济发展迅猛，是金砖国家之一，经济产业多元化，涵盖农业、手工艺业、纺织业以及服务业等。

国家风采

印度是一个由 100 多个民族构成的多民族国家，有着几千年的历史，是世界四大文明古国之一。从 1757 年开始，印度逐步沦为英国殖民地。1947 年，印度成立自治领。由于地形以平原为主，印度拥有世界 1/10 的耕地，是世界上最大的粮食生产国之一。印度的服饰很有特色，有些地区男性有包头的习俗，而女性则穿纱丽，纱丽是很独特、很美丽的一种民族服饰。

泰姬陵——印度知名度最高的古迹之一，也是一座白色大理石建成的巨大陵墓清真寺。

巴基斯坦

巴基斯坦，国名有"圣洁的土地""清真之国"之意，位于南亚次大陆，首都伊斯兰堡，邻国有印度、中国、阿富汗和伊朗。喜马拉雅山、喀喇昆仑山和兴都库什山这三条世界著名山脉在其境内汇聚，形成了奇特的景观。

国家风采

巴基斯坦于1857年沦为英国殖民地，直到1947年8月14日才宣布独立，成立巴基斯坦自治领。巴基斯坦地处亚热带，水果资源丰富，向来有"水果篮"的美称。巴基斯坦还是产粮大国，大米、棉花都有出口。在巴基斯坦，女性要穿黑袍，戴黑头巾，但不必遮脸，只要把头巾搭在头上即可。头巾上镶有玛瑙、纽扣，还要插一根红色羽毛，一年四季都如此。

伊斯兰堡——巴基斯坦首都，市内多现代化建筑，但建筑风格都具有传统的伊斯兰特色。

尼泊尔

尼泊尔，位于亚洲南部喜马拉雅山南麓，海拔高度在4877～8848米，首都加德满都。尼泊尔是世界三大宗教之一"佛教"的发源地，是世界上佛教最盛行的国家之一。

国家风采

尼泊尔是南亚内陆国，国家版图近长方形。世界上有14座海拔超过8000米的山峰，其中8座在中尼边界的喜马拉雅山，如珠穆朗玛峰、洛子峰、马卡鲁峰等。尼泊尔是多民族、多宗教、多种姓、多语言的国家，人口约2898万人。尼泊尔工业基础薄弱，机械化水平较低，以轻工业和半成品加工为主。旅游业是尼泊尔的支柱产业，自然风光优美，气候宜人，游客以印度人和中国人为主。

加德满都——尼泊尔的首都和最大的城市，一座拥有1200多年历史的古老城市。

泰国

泰国，曾用名暹罗，位于亚洲东南部，首都曼谷，官方语言为泰语。泰国是世界上的新兴工业国家和世界新兴市场经济体之一，是亚洲唯一的粮食净出口国，世界五大农产品出口国之一。

国家风采

泰国有 700 多年的历史和文化，古名暹罗。1949 年 5 月 11 日，泰国人用自己民族的名称把暹罗改为"泰"，主要是取其"自由"之意。泰国是一个有 30 多个民族的国家，人口大约 6500 万人，90% 以上的民众信仰佛教。泰国在世界上素有"佛教之国"之称，国内独特的佛教建筑以及优越的地理位置，吸引了世界上各个国家的人前来旅游度假。

普吉岛——泰国著名岛屿，这里有宽阔美丽的海滩、洁白无瑕的沙粒以及如碧绿翡翠般的海水。

日本

日本，国名意为"日出之国"，领土由北海道、本州、四国、九州四个大岛以及6800多个小岛组成。日本是一个岛国，首都东京，官方语言为日语，人口大约1.3亿人。日本是高度发达的资本主义国家。

国家风采

日本因岛屿众多而被称为"千岛之国"，岛上火山众多，最著名的火山为富士山。富士山海拔约3776米，是日本最高的山峰，被日本人尊称为圣岳。日本自然资源极其匮乏，工业生产原料、燃料都要依赖进口。日本森林覆盖率高，渔业资源丰富，北海道和日本海是世界著名的渔场，盛产700多种鱼类。日本的传统文化传承得非常好，茶道、花道、书道等独具特色。

京都——世界上最富有文化气息的城市之一，日本文化与民族的精髓所在，世界上没有哪座城市像京都一样拥有众多的古刹。

韩国

韩国，位于朝鲜半岛南部，首都首尔，官方语言为韩语。截至2019年1月，韩国总人口约5100万人，主要为韩民族。韩国自然资源匮乏，矿产资源较少，主要工业原料均依赖进口。

国家风采

韩国的国名源于古时朝鲜半岛南部的部落联盟"三韩"。韩国农业资源非常稀缺，85%的粮食需要进口，例如牛肉、鱼贝类、禽肉、蛋奶等都无法自给自足。韩国是能源消费大国，其能源消耗量占世界能源消耗量的2.1%，居第8位。韩国在文学、艺术等方面都深受中国文化的影响，韩国的民间歌舞别具特色，多姿多彩。

昌德宫——韩国的"故宫"，位于首尔，它是李朝王宫里保存得最完整的一座宫殿。

朝鲜

朝鲜，位于朝鲜半岛北部，首都平壤，官方语言为朝鲜语。朝鲜是世界上五个社会主义国家之一，北与中国、俄罗斯接壤，南临韩国。朝鲜约有人口2555万人，民族比较单一，只有朝鲜族。

国家风采

朝鲜的历史可以追溯到中国的战国时期，《山海经》中出现了关于"朝鲜"的记载。明朝时，朱元璋裁定"朝鲜"取代"高丽"为其新国名，并一直沿用到现在。朝鲜境内山地众多，森林和矿产丰富。朝鲜的文化事业发展繁荣，艺术形式丰富多样，影视文学以及歌舞都独具特色，深受欢迎。如果去朝鲜旅游，金刚山、妙香山和七宝山一定不能错过。

金刚山——朝鲜著名的山脉，风景一年四季各不相同，山水奇特，令人惊叹。

23

新加坡

新加坡，也叫狮城，是东南亚的一个岛国，首都是新加坡市。本岛和 63 个小岛共同组成新加坡国土。新加坡是继纽约、伦敦之后的第三大国际金融中心，也是亚洲最国际化的国家之一。

国家风采

新加坡的历史可追溯到公元 3 世纪，那个时候新加坡被称为"蒲罗中"，意为"马来半岛末端的岛屿"。新加坡国土面积较小，境内河流都比较短，而且国内没有省市，只有五个社区。首都新加坡市是一个美丽的花园城市，新加坡河从市区穿过，河岸两侧是移民最先迁入的地方，是商业繁华地段，河口矗立着一座乳白石的"鱼尾狮"雕像，那是新加坡的精神象征和标志。

圣淘沙岛——新加坡最迷人的度假小岛，占地390公顷，娱乐设施齐全，休闲活动区域充足，素有"欢乐宝石"的美誉。

土耳其

土耳其,一个横跨欧亚两洲的国家,首都安卡拉。土耳其的地理位置非常重要,是连接欧亚两洲重要的十字路口。土耳其虽为亚洲国家,但其在政治、经济、文化等领域均实行欧洲模式,是欧盟的候选国。

国家风采

土耳其人是突厥人与属于欧洲人种的地中海原始居民的混血后裔。土耳其历史漫长,奥斯曼一世在 1299 年建立奥斯曼帝国,此后,这个强大的帝国统治区域地跨欧、亚、非三大洲。现代土耳其地形复杂——从沿海平原,到山区草场、从雪松林到绵延的大草原,无一不足。这里也是世界上主要的烟草、开心果、葡萄干和水果蔬菜的产地之一。

阿尔忒弥斯神庙——古代世界七大奇迹之一。公元前 356 年 7 月 21 日，神庙被黑若斯达特斯焚毁，如今只剩下一根柱子。

27

非洲

　　非洲，位于地球东半球的西部，纵跨赤道南北，是世界第二大洲。非洲是世界古人类和古文明的发祥地之一，早在公元前 4000 年便有文字记载。非洲北部的埃及是世界文明发源地之一。

　　非洲这片土地上拥有大量的野生动物，如大象、狮子、斑马、野牛、非洲豺狗等。肯尼亚野生动物保护区是非洲最大的自然保护区，每年吸引众多游客前往旅游。

埃及

埃及，位于北非东部，首都开罗。埃及的地理位置十分特殊，既是亚、非之间的陆地交通要冲，也是大西洋与印度洋之间海上航线的近路。埃及是非洲的一个强国，是非洲第三大经济体。

国家风采

埃及历史悠久，是世界四大文明发祥地之一，古埃及是世界上最早的王国。这个古老的王国断断续续被亚述、波斯、马其顿和罗马帝国征服过，公元4—7世纪并入东罗马帝国，古埃及文明至此灭亡。5000多年的历史让埃及拥有众多的名胜古迹。当地政府非常重视发展旅游业，主要旅游景点有金字塔、狮身人面像、卢克索神庙、阿斯旺高坝、沙姆沙伊赫等。

胡夫金字塔——古埃及金字
塔中规模最大的，高 146.59 米，
塔前矗立着著名的狮身人面像。

埃塞俄比亚

埃塞俄比亚，位于非洲东北部，人口为 1.05 亿人，是非洲第二大人口国，首都亚的斯亚贝巴。埃塞俄比亚是世界最不发达的国家之一，经济以农牧业为主，工业基础薄弱。埃塞俄比亚也是非洲联盟成员国之一。

国家风采

埃塞俄比亚是非洲古国之一，拥有 3000 多年的历史。16 世纪的时候，葡萄牙和奥斯曼帝国相继入侵埃塞俄比亚。1889 年孟利尼克二世称帝，统一埃塞俄比亚，建都亚的斯亚贝巴，奠定现代埃塞俄比亚疆域。埃塞俄比亚境内以山地高原为主，著名的东非大裂谷纵贯全境，平均海拔近 3000 米，素有"非洲屋脊"之称。尼罗河两大源流之一的青尼罗河发源于该国，但利用率不足 5%。

东非大裂谷——几乎跨越了
东部非洲所有的国家，其中以在
埃塞俄比亚境内为最长。这里层
峦叠嶂，湖光秀美，风景多姿多彩。

刚果共和国

刚果共和国，简称刚果（布），位于非洲中西部，赤道横贯其中部，首都布拉柴维尔。刚果是非洲文化教育水平较高的国家，成人扫盲率80.7%。曾经被葡萄牙、英国和法国先后入侵，1960年8月15日完全独立。

国家风采

刚果共和国经济的两大支柱是石油和木材。大洋铁路是刚果共和国全国仅有的一条铁路，也是非洲最早的铁路之一，1934年由法国殖民者修建。刚果共和国农牧业落后，农业产值仅占国内生产总值的4%，粮食、肉类、蔬菜等均不能自给，90%以上依赖进口。20世纪80年代初，因大规模开采石油，刚果共和国经济迅速发展，人均国内生产总值一度达1200美元，进入非洲中等收入国家行列。

布拉柴维尔——位于刚果河下游北岸。这里四季常青，芒果、椰子、旅人蕉成行成队，是座美丽的热带城市，被称为"花园之城"。

肯尼亚

肯尼亚位于非洲东部，赤道横贯其中部，东非大裂谷纵贯南北，首都内罗毕。肯尼亚是人类发源地之一，境内曾出土过约 250 万年前的人类头骨化石。公元 7 世纪，这里形成一些商业城市，阿拉伯人开始在此定居。

国家风采

　　农业、服务业和工业是肯尼亚国民经济的三大支柱，茶叶、咖啡和花卉为主要出口产品，鲜花出口量占非洲第一。肯尼亚还是世界上除虫菊主产国，产量占世界总产量的 80%。肯尼亚是非洲著名的旅游国家，位于国家中部的非洲第二高峰肯尼亚山是世界著名的赤道雪山，雄壮巍峨，景色美丽奇特。肯尼亚也是撒哈拉以南非洲经济基础较好的国家之一。

马赛马拉国家公园横跨肯尼亚和坦桑尼亚，它是野生动物的天堂，是肯尼亚所有国家公园中最耀眼的明珠。

马达加斯加

马达加斯加，意思为"马尔加什人的国家"，位于印度洋西部的非洲岛国，与非洲大陆相隔莫桑比克海峡，首都塔那那利佛。马达加斯全岛由火山岩构成，是非洲第一、世界第四大的岛屿。

国家风采

马达加斯加至今有近2000年的历史，19世纪初拉达马一世统一全岛，建立了马达加斯加王国。这片土地上自然资源十分丰富，石墨储量占非洲首位。主要经济作物有香草、咖啡、丁香、剑麻、甘蔗等，其中香草的产量和出口均占世界首位。马达加斯加还有一个别称叫"牛的王国"，这里的人们对牛有着一种特殊的近乎狂热的崇拜，牛为财富的标志，牛头为国家的象征。

　　莫桑比克海峡——位于非洲东南部的莫桑比克和马达加斯加岛之间，呈东北—西南走向，是世界上最长的海峡，长约 1670 千米。

毛里求斯

毛里求斯，为非洲东部一个火山岛国，位于印度洋西南方，首都路易港。这座火山岛四周被珊瑚礁环绕，岛上地貌千姿百态。这里经济比较发达，是非洲少有的富庶的国家之一，被称为"非洲瑞士"。

国家风采

毛里求斯曾经历荷兰、法国和英国等国的殖民统治，于1968年3月12日脱离英国殖民获得独立，岛上亦有不少华人。该国矿产资源匮乏，石油、天然气等完全依赖进口。经济结构单一，主要生产、出口蔗糖。这个美丽的岛国是世界五大婚礼及蜜月胜地之一，也是世界上唯一有渡渡鸟居住的地方，但该鸟已灭绝。

路易港——毛里求斯首都，地处南大西洋和印度洋之间的航道要冲。苏伊士运河通航前，这里是环绕好望角航行的必经之地。

41

摩洛哥

摩洛哥，位于非洲西北部，首都拉巴特，是一个阿拉伯国家。摩洛哥常年气候宜人，花木繁茂，因此有"烈日下的清凉国土"的美誉。这里风光无限、风景如画，适宜居住和旅行，被称为"北非花园"。

国家风采

摩洛哥有着 2000 多年的历史，著名的文化名城有拉巴特、菲斯、马拉喀什、梅克内斯以及达尔贝达等。摩洛哥自然资源虽不丰富，但磷酸盐储量达 1100 亿吨，占世界储量的 75%，位居世界首位。由于靠近海岸，摩洛哥渔业资源极为丰富，沙丁鱼出口居世界首位，是非洲第一大产鱼国。摩洛哥旅游业发达，共有 8 处世界遗产。

达尔贝达——位于摩洛哥西部大西洋沿岸，是摩洛哥历史名城，也是北非著名的旅游城市。

南非

南非，位于非洲大陆的最南端，有"彩虹之国"的美誉，是非洲第二大经济体。南非拥有3个首都：行政首都（中央政府所在地）为茨瓦内，司法首都（最高法院所在地）为布隆方丹,立法首都(议会所在地)为开普敦。

国家风采

南非工业体系是非洲各国中最完善的，深井采矿技术位居世界前列，矿产是南非经济的主要来源。南非的矿物资源驰名世界，黄金、钻石生产量均占世界首位，是世界最大的黄金生产国和出口国。南非的畜牧业也比较发达，绵羊毛产量可观，是世界第4大绵羊毛出口国。南非还拥有世界上最繁忙的海上通道——好望角！

好望角——寓意"美好希望的海角",它是非洲西南端非常著名的岬角。因多暴风雨,海浪汹涌,故最初称为"风暴角"。

尼日利亚

尼日利亚,位于西非东南部,人口为 1.73 亿人,是非洲第一人口大国,同时也是非洲第一大经济体,首都阿布贾。尼日利亚是非洲能源资源大国,是非洲第一大石油生产和出口大国,天然气储量也位居非洲第一。

国家风采

尼日利亚是非洲古国,早在 2000 多年前就有了比较发达的文化。14—16 世纪,尼日利亚相继遭到葡萄牙和英国的入侵,直到 1960 年 10 月 1 日宣布独立,并成为英联邦成员国。尼日利亚是全世界黑人最多的国家,黑人人口占非洲黑人的五分之一。这个人口大国拥有丰富的自然资源,天然气、煤、黄金、铁矿石等储量丰富。尼日利亚旅游资源丰富,有瀑布、海滩、赤道森林等。

卡诺——尼日利亚的历史古城，素有"沙漠港口"之称，市区名胜古迹众多，气候凉爽宜人。

索马里

索马里，位于非洲大陆最东部的索马里半岛，拥有非洲最长的海岸线，首都摩加迪沙。该国是世界上最不发达的国家之一，经济以畜牧业为主，工业基础比较薄弱。索马里还是世界上人均占有牲畜最多的国家之一。

国家风采

公元前 17 世纪以前，被称为"非洲之角"的索马里建立了以产香料著称的"邦特"国。1941 年，索马里彻底沦为英国的殖民地。1960 年 7 月 1 日，索马里建立共和国，宣布独立。索马里是各国货轮出入苏伊士运河的必经海路，但由于经济困难，当地很多人成为海盗，打劫往来船只。畜牧业是索马里的经济支柱，这里有世界上最多的骆驼，约 700 万头。

摩加迪沙——索马里首都、重要港口城市。这里气候凉爽、林木苍翠，是索马里的风景胜地。

49

欧洲

欧洲，世界第六大洲，约有人口 7.3 亿人。欧洲位于亚洲的西面，是亚欧大陆的一部分。它的北、西、南三面分别濒临着北冰洋、大西洋、地中海和黑海，东部和东南部与亚洲毗连，宛如亚欧大陆向西突出的一个大半岛。欧洲的大部分位于北温带内，没有热带。

丹麦

丹麦，北欧五国之一，人口约573万人。丹麦是一个高度发达的资本主义国家，也是北约创始国和欧盟成员国之一，首都哥本哈根。丹麦国力强盛，国民幸福感较强，在世界排名比较靠前。

国家风采

丹麦首都哥本哈根原意为"商人港口"，有自由港和航空港之称，是世界交通的枢纽。丹麦是世界上风力发电最发达的国家之一，也是世界上食用猪肉最多的国家之一，还是食品和能源出口大国。丹麦也是举世闻名的童话王国，安徒生被誉为"童话之父"，他创作的《丑小鸭》《卖火柴的小女孩》《海的女儿》等都是世界著名的童话故事。

小美人鱼铜像——位于丹麦首都哥本哈根，世界闻名，她是丹麦的象征。远望小美人鱼，她坐在巨大的花岗石上，姿态优美，恬静娴雅。

冰岛

冰岛，北大西洋中的一个岛国，北欧五国之一，首都雷克雅未克。冰岛人口约为 34 万人，是欧洲人口密度最小的国家。冰岛是一个高度发达的资本主义国家，经济以渔业为主，辅助炼铝等高耗能工业。

国家风采

1944 年，冰岛共和国建立，首都雷克雅未克是冰岛最大的港口城市。冰岛拥有世界上最多的温泉，被称为"冰火之国"，而且岛上火山也比较多，以"极圈火岛"之名著称。由于地理位置靠近北极圈，冰岛的喷泉、瀑布、湖泊纯净无污染，吸引世界各地的人前来体验。冰岛在很多人心里是一个神秘莫测的国度，因为这里有最原始的住民。

　　瓦特纳冰川国家公园——冰岛面积最大的国家公园及自然保护区。该公园集冰川、火山、峡谷、森林、瀑布为一体，景色蔚为壮观。

55

希腊

希腊，位于巴尔干半岛南端，首都雅典。希腊全国岛屿众多，四周有著名的爱琴海和地中海。希腊的历史可一直上溯到古希腊文明，而古希腊文明通常被视为西方文明的摇篮，对世界历史曾具有极大的影响力。

国家风采

古希腊是西方文明的发源地，大约有5000年的历史，创造了灿烂、辉煌的古代文化。希腊文化对欧、亚、非三大洲的历史发展都有过重大影响。其中，希腊神话在世界各地广为流传，这些故事大多源自古希腊文学，最有名的故事就是特洛伊战争和被缚的普罗米修斯。不仅如此，希腊在体育方面的成就也是举世瞩目的，例如创立了全世界为之疯狂的奥运会。

爱琴海——希腊半岛东部的一个蓝色系海洋，海上岛屿众多，距离雅典最近，同时也颇为有名的岛屿是爱琴那岛。

意大利

意大利，位于欧洲南部的亚平宁半岛，紧邻地中海，人口约 6080 万人，首都罗马。意大利境内还有两个微型国家：圣马力诺和梵蒂冈！意大利是一个高度发达的资本主义国家，在艺术和时尚领域处于世界领导地位。

国家风采

意大利有着上千年的历史，曾经是西方经济、文化中心，有众多的历史文化名城。其中，佛罗伦萨、罗马城和威尼斯不但有风靡全球的教堂和欧式建筑，而且风格独特，景色绚丽，是令人向往的旅游胜地。在 14 世纪文艺复兴时期，意大利涌现了但丁、达·芬奇、米开朗琪罗、拉斐尔、伽利略等文化与科学巨匠，他们对人类文化的进步做出了巨大的贡献。

威尼斯——意大利最美的城市之一，因河道众多而被誉为最美的"水上城市"，它也是浪漫之都。

梵蒂冈

梵蒂冈，位于意大利首都罗马城内，是世界上面积最小、人口最少的国家，国土面积只有 0.44 平方千米，而人口大约 850 人。由于城中建国，所以梵蒂冈也被称为"国中国"，是全世界天主教的中心。

国家风采

梵蒂冈意为"先知之城"，是天主教皇教廷所在地，国内的圣彼得大教堂是天主教会举行最隆重仪式的场所，也是全世界最大的教堂。梵蒂冈博物馆位于意大利罗马圣彼得教堂北面，原是教皇宫廷，博物馆所收集的稀世文物和艺术珍品，可以与伦敦大英博物馆和巴黎卢浮宫相媲美。梵蒂冈是一个宗教领袖制国家，梵蒂冈的元首就是教皇，国内公民大部分是神职人员。

圣彼得大教堂——位于梵蒂冈，被誉为天主教宗座圣殿，整栋建筑呈现出一个拉丁十字架的结构，造型传统而神圣。

61

童眼看世界
认世界 >>

西班牙

西班牙，位于欧洲西南部，地处欧洲与非洲的交界处，首都马德里。近代史上，西班牙是一个重要的文化发源地，是欧洲文艺复兴时期最强大的国家。从15世纪中期至16世纪末期，西班牙是影响全球的强大国家。

国家风采

西班牙在15—16世纪拥有众多的殖民地，因此西班牙语也成了使用极为普通的语言之一，到目前为止，使用人数约有5亿人。西班牙境内山脉多，著名的有比利牛斯山和内华达山。山多造就森林多，西班牙森林约有1500万公顷，软木产量和出口量位居世界第二位。西班牙人民热情豪迈，尤其喜爱斗牛这种危险与刺激并存的游戏，他们还喜欢奔放的弗拉门戈。

西班牙斗牛——起源于西班牙古代宗教活动（杀牛供神祭品），现在仍十分流行。

葡萄牙

葡萄牙,位于欧洲西南部,首都里斯本。其母语为葡萄牙语,全世界使用者约有2.4亿人,是世界第6大语言。葡萄牙是一个发达的资本主义国家,拥有相当完善的旅游业,也是欧盟成员国之一。

国家风采

葡萄牙自1143年脱离西班牙成为独立王国以来,在大航海时代扮演着重要的殖民者角色。葡萄牙是欧洲各国中殖民历史最久的国家,其对外殖民活动几乎达600年。里斯本是葡萄牙最大的港口城市,也是其首都。现代的葡萄牙充满了浪漫气息,人们酷爱歌舞和足球。1966年葡萄牙第一次参加足球世界杯就获得了季军。

里斯本——葡萄牙的首都。它是葡萄牙最大的城市，也是欧洲著名的旅游城市。

英国

英国，全称大不列颠及北爱尔兰联合王国，首都伦敦。英国是老牌资本主义国家，在18世纪至20世纪初期是世界上最强大的国家和第一大殖民帝国，其殖民地面积等于本土的111倍，号称"日不落帝国"。

国家风采

英国，经济高度发达，是欧洲四大经济体之一。18世纪60年代至19世纪30年代，英国成为世界上第一个完成工业革命的国家，国力迅速壮大。19世纪中叶，英国发动两次侵略中国的鸦片战争，强占中国香港岛，参与镇压中国太平天国革命，牟取了巨大的利益。1997年7月1日，香港终于回归祖国的怀抱。中国是古代足球的发源地，英国则是现代足球的发源地。其重大赛事有英格兰足球超级联赛和苏格兰足球超级联赛等。

泰晤士河——位于英格兰西南部的一条河流，是英国著名的"母亲河"。泰晤士河沿岸有许多名胜之地，诸如伊顿公学、牛津大学、温莎城堡等。

荷兰

荷兰，位于欧洲西部，是亚欧大陆桥的欧洲始发点，与德国、比利时接壤，首都阿姆斯特丹。荷兰是世界有名的低地国家，畜牧业和农业发达。荷兰还以海堤、风车、郁金香和宽容的社会风气而闻名。

国家风采

荷兰曾经先后被哈布斯堡王朝、神圣罗马帝国和西班牙统治，1648 年西班牙正式承认其独立。独立后的荷兰飞速发展，成为当时世界上最强大的海上霸主，曾被誉为"海上马车夫"。荷兰的农业发达，是世界第二大农产品出口国。此外，荷兰的花卉产业发达，被誉为"世界花园"，最有名的花卉是郁金香——郁金香是荷兰的象征，也是荷兰的国花。

荷兰风车——最早是出于水力利用和磨坊工业需要而打造的，如今已经成为荷兰的"国家商标"。

法国

法国，位于欧洲西部，国土面积列欧洲第三位，首都巴黎。在漫长的历史中，法国培养了不少对人类发展影响深远的文学家和思想家，拥有着数量居全球第四的世界遗产。

国家风采

法国从中世纪末期开始成为欧洲大国之一。在第二次世界大战前，法国是当时世界上第二大殖民帝国，殖民地面积相当于本土的20倍。法国境内山脉众多，著名的山脉有阿尔卑斯山和比利牛斯山等。法国著名的河流有塞纳河，河流从巴黎城中穿过。塞纳河两岸风光无限，让整个巴黎都置身于浪漫之中。法国是世界第一大旅游接待国，巴黎、地中海和及阿尔卑斯山都是旅游胜地。

凡尔赛宫——位于巴黎西南部15千米处，是欧洲最大的王宫，被视为欧洲古典主义风格建筑的典范。

71

德国

德国，位于欧洲中部，人口约 8267 万人，是欧洲联盟中人口最多的国家，首都柏林。目前，德国是欧洲第一大经济体，也是欧盟的创始会员国之一，以汽车和精密机床为代表的高端制造业著称于世。

国家风采

1914 年和 1939 年，德国先后挑起两次世界大战并战败。1945 年，德国分裂为东西两部分。1990 年 10 月 3 日，东德与西德合并，实现两德统一。德国位于欧洲中部，接壤 9 个国家，是欧洲邻国最多的国家。德国是全球八大工业国之一，主要的出口产品有汽车、机械产品、通信技术和医学及化学设备等。该国出口业素以质量高、服务周到、交货准时而享誉世界。

新天鹅堡——巴伐利亚国王路德维希二世的行宫之一，共有360个房间。它是德国的象征，也是迪士尼城堡的原型。

73

瑞士

瑞士，位于欧洲中部，因地形以高原和山地为主，被称为"欧洲的屋脊"，首都伯尔尼。

瑞士境内的阿尔卑斯山终年覆盖积雪，它和湖泊在蓝天、白云的映衬下融为一体，风景宁静而祥和，被誉为"人间天堂"。

国家风采

瑞士是一个高度发达的资本主义国家，也是全球最富裕、社会最安定、经济最发达和拥有最高生活水准的国家之一，幸福指数全球第一。拥有发达的金融产业，服务业在瑞士经济中也占有日益重要的地位。瑞士是世界上的永久中立国之一，许多国际性组织的总部都设在瑞士。瑞士也是世界著名的旅游胜地，莱茵瀑布、因特拉肯等，终年游人如织。

因特拉肯——因"欧洲脊梁"少女峰而闻名遐迩的瑞士旅游小镇。

俄罗斯

俄罗斯，位于亚欧大陆北部，地跨亚欧两洲，首都莫斯科。俄罗斯是世界上面积最大的国家，也是一个由 194 个民族构成的统一多民族国家。截止到 2019 年，俄罗斯人口数约为 1.44 亿人，综合国力居世界前列。

国家风采

俄罗斯领土跨越亚欧两洲，曾经是欧洲传统的五大强国之一。首都莫斯科是欧洲第二大城市，拥有 800 年的历史。融合了东西方两种文化的俄罗斯，文学发展源远流长，出现了普希金、果戈理、托尔斯泰、契诃夫、高尔基等世界驰名的大文豪。俄罗斯也是传统的体育强国，是奥运会上重要的夺金强国之一，其优势项目有体操、艺术体操、击剑、花样游泳等。

圣彼得堡——俄罗斯的第二大城市，曾经是俄罗斯的文化、政治、经济中心。

乌克兰

乌克兰，位于欧洲东部，是欧洲国土面积第二大国家，首都基辅。乌克兰是世界上重要的贸易进口国，也是世界上第三大粮食出口国，有着"欧洲粮仓"的美誉。乌克兰工农业比较发达，重工业在工业中占主要地位。

国家风采

乌克兰地理位置重要，自然条件良好，是欧洲历史上的兵家必争之地，因此饱经战乱。乌克兰在历史上是基辅罗斯的核心地域，而乌克兰民族是古罗斯族的分支。1991年苏联解体后，乌克兰独立。截止到2019年，乌克兰拥有人口4203万人，共有130多个民族。乌克兰国土面积的2/3为黑土地，占世界黑土总量的1/4。乌克兰的森林资源较为丰富，森林覆盖率为43%。

乌克兰国家艺术博物馆——坐落于基辅，成立于1898年，侧重于乌克兰艺术的收集、保护和展出，是乌克兰文化的骄傲。

79

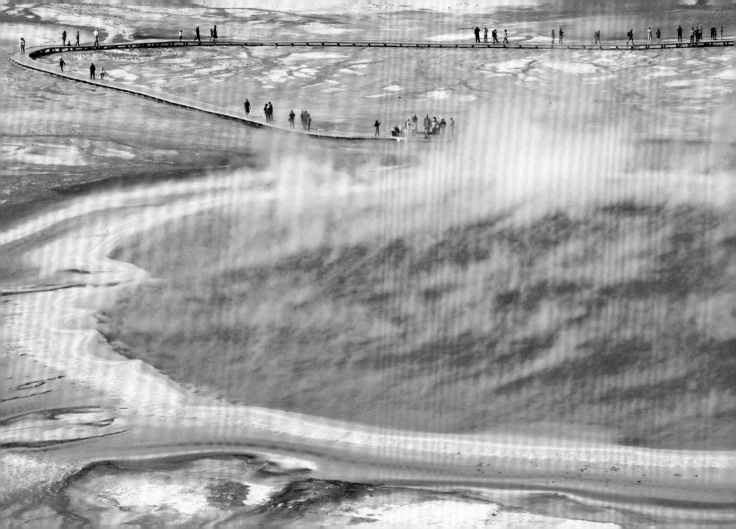

北美洲

北美洲，位于地球西半球北部，是世界第二发达的大洲。北美洲约有人口 5.79 亿人，经济发展差异比较大，美国和加拿大属于发达国家，其余国家则为发展中国家。这里有众多的火山和世界最大的淡水湖群，还有横跨两国的瀑布。

美国

美国，全称美利坚合众国，位于北美洲南部，首都华盛顿。美国是一个移民国家，国土面积约有963万平方千米，人口约3.33亿人。美国是世界第一经济强国，自然资源丰富，同时也是世界第一大进口国。

国家风采

美国原为印第安人的聚居地。15世纪末，西班牙、荷兰、法国、英国等相继移民至此，因此美国也是一个移民国家。美国从建国到现在，经过几百年的发展，经济、文化、工业等都处于世界领先地位。这片土地上丰富的自然资源和多样的民族文化，使它成为极具吸引力的旅游国家，白宫、硅谷、华尔街、好莱坞、百老汇等在全球都极负盛名。

自由女神像——位于美国纽约自由岛上，是法国于 1876 年为纪念美国独立战争胜利 100 周年而建造的。

加拿大

加拿大，位于北美洲最北端，英联邦国家之一，首都渥太华。加拿大盛产枫树，被称为"枫叶之国"。枫树也是加拿大的国树和民族象征。加拿大是一个社会富足、经济发达的资本主义国家。

国家风采

加拿大国土面积为998万平方千米，仅次于俄罗斯，位于世界第二。但这个地域广阔的国家，人口只有3704万人，是一个典型的地广人稀的国家。加拿大境内人口主要集中在南部五大湖沿岸，著名城市有多伦多、温哥华等。加拿大的官方语言有英语和法语两种，是典型的双语国家。加拿大也是世界上海岸线最长的国家，海岸线约长24万公里——为全世界最长不设防疆界线。

尼亚加拉瀑布——位于加拿大安大略省和美国纽约州的交界处，与伊瓜苏瀑布、维多利亚瀑布并称为世界三大跨国瀑布。

墨西哥

墨西哥，位于北美洲南部，北邻美国，首都墨西哥城。墨西哥是北美地区的经济大国，人口为 1.25 亿人。墨西哥地理位置极其重要，是南、北美洲陆地交通的必经之路，一直被称为"陆上桥梁"。

国家风采

墨西哥是美洲大陆印第安人古老文明中心之一，这片土地上的古印第安人培育出了世界三大粮食之一的玉米，故墨西哥有"玉米的故乡"之称。墨西哥人还在种植玉米的过程中创造出了举世闻名的玛雅文明和阿兹特克文明。悠久的历史文化、独特的高原风情和人文景观，以及漫长的海岸线，为墨西哥发展旅游业提供了得天独厚的有利条件——如今墨西哥已经成为著名的北美旅游国家。

太阳金字塔——古印第安人祭祀太阳神的地方，该金字塔呈梯形，坐东朝西，正面有数百级台阶，直达顶端。

巴拿马

巴拿马，位于中美洲最南部，首都巴拿马城。巴拿马国土呈 S 形，连接北美洲和南美洲。巴拿马运河从北至南连接大西洋和太平洋，拥有重要的战略地位，被称为"世界桥梁"。

国家风采

巴拿马最早是印第安人的部落聚居地。1501 年，巴拿马沦为西班牙殖民地。1821 年 12 月 28 日，巴拿马宣布独立，并加入大哥伦比亚共和国。1903 年独立，成立巴拿马共和国。巴拿马地窄人稀，矿产资源较为丰富，但开采得不多，矿场规模也较小。目前，巴拿马铜矿石储量超过 2 亿吨，居世界第 4 位。总的来说，巴拿马整体经济处于低水平，工业基础比较薄弱。

巴拿马城——位于巴拿马运河太平洋岸河口附近的半岛上，面朝巴拿马湾，背靠安康山谷，风景如画。

古巴

古巴，全称古巴共和国，意为"肥沃之地"，是北美洲加勒比海北部的群岛国家。首都哈瓦那是古巴的经济、政治中心。古巴海滩、古巴雪茄以及富于拉美情调的酒吧和歌舞，令这个国家充满了神秘情调。

国家风采

历史上，古巴曾先后被西班牙和美国侵占过，1902 年成立古巴共和国，1959 年 1 月 1 日确立社会主义制度。古巴是世界 5 个社会主义国家之一。境内古巴岛是大安的列斯群岛中最大的岛屿，被誉为"墨西哥湾的钥匙"。古巴是世界上最大的蔗糖出口国，号称"世界糖罐"，也是全球闻名的"哈瓦那雪茄烟"的故乡。

哈瓦那——古巴首都，旧城
位于哈瓦那湾西侧的一个半岛
上，面积不大，街道狭窄，至
今还留有许多西班牙式的古老建
筑，是总统府所在地。

91

南美洲

　　南美洲，陆地面积位于第四位，安第斯山脉几乎纵贯整个南美洲西部。安第斯山脉东部就是面积广大的亚马孙河盆地，占地超过 700 万平方千米，大部分地区都是热带雨林。南美洲人口约 4.225 亿人，巴西是该大洲面积最大、最强大的国家。

巴西

巴西，位于南美洲，是世界著名的"足球王国"，首都巴西利亚。巴西也是南美洲最大的国家，国土面积851.49平方千米，居世界第五，人口为2.01亿人。该国综合国力位于南美洲第一。

国家风采

巴西拥有丰富的自然资源和完整的工业基础，是世界第七大经济体，是全球发展速度最快的国家之一。巴西的农牧业发达，是世界第一大咖啡生产国和出口国，素有"咖啡王国"之称。巴西也是全球最大的蔗糖生产国和出口国，以及世界上最大的牛肉和鸡肉出口国。在文化领域，巴西的文化具有多重民族性，踢足球是巴西人文化生活的主流运动。

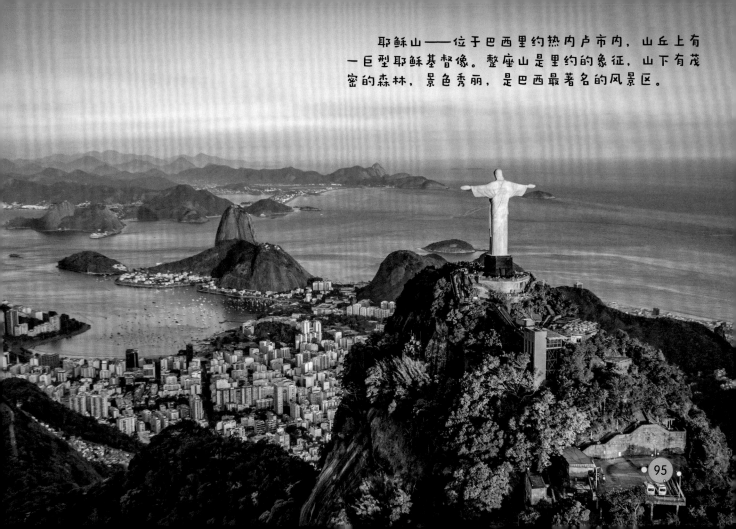

耶稣山——位于巴西里约热内卢市内，山丘上有一巨型耶稣基督像。整座山是里约的象征，山下有茂密的森林，景色秀丽，是巴西最著名的风景区。

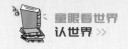

秘鲁

秘鲁，位于南美洲西部，是美洲人类文明的发源地。秘鲁的原始居民孕育了美洲最早人类文明之一的"小北文明"以及世界文明的"印加文明"，并在建筑等领域取得较大的成就，例如兴建了马丘比丘古城。

国家风采

秘鲁是多种族国家，在过去5个世纪由不同族群融合而成。秘鲁独立后逐渐有了来自英格兰、法国、德国、意大利和西班牙的欧洲移民。中国人大约从1850开始进入秘鲁工作，并成为有较大影响力的族群。秘鲁矿业资源丰富，是世界12大矿产国之一，铋、钒储量居世界首位。由于族群多元化，秘鲁文化除了受印第安和西班牙传统文化影响外，也被亚、非、欧等族群影响。

马丘比丘古城——位于秘鲁境内库斯科西北 130 公里，整个遗址高耸在海拔约 2350 米的山脊上，俯瞰着乌鲁班巴河谷。

智利

智利，位于南美洲西南部，安第斯山西麓，是世界上地形最狭长的国家，首都圣地亚哥。由于地处美洲大陆的最南端，与南极洲隔海相望，所以智利也被称为"天涯之国"。

国家风采

智利为南美洲国家联盟的成员国，在南美洲与阿根廷和巴西并列为 ABC 强国，拥有较高的国际竞争力和生活质量。智利是世界上铜矿资源最丰富的国家，也是世界上产铜和出口铜最多的国家，被誉为"铜矿王国"。此外，它还是世界上唯一生产硝石的国家。智利也是世界上最干燥的地区之一，阿塔卡马沙漠是世界旱极。境内多火山，地震频繁。著名的复活节岛也属于智利。

圣地亚哥——南美洲第四大城市，位于智利中部，是一座拥有400多年历史的古城。

阿根廷

阿根廷，位于南美洲南部，首都布宜诺斯艾利斯。阿根廷是世界上综合国力较强的发展中国家之一，也是世界上重要的粮食和肉类生产国和出口国，素有"世界粮仓和肉库"之称。

国家风采

16世纪前，阿根廷的居民为印第安人。1536年，阿根廷沦为西班牙殖民地。1853年，阿根廷建立联邦共和国。阿根廷是南美洲第2大国家，面积仅次于巴西，矿产资源丰富，石油、页岩气、页岩油储量位于世界前列。阿根廷是一个移民国家，现85%以上的居民为意大利和西班牙的后裔，所以其饮食文化也掺杂了欧陆西餐的成分，炭烧烤肉是当地的特色。

伊瓜苏大瀑布——世界上最宽的瀑布，也是世界五大瀑布之一，位于阿根廷与巴西边界上伊瓜苏河与巴拉那河合流点上游，为马蹄形瀑布，高82米，宽4千米，平均落差75米。

哥伦比亚

哥伦比亚，全称"哥伦比亚共和国"，位于南美洲西北部，与委内瑞拉、巴西、厄瓜多尔、秘鲁等国毗邻，国土面积居南美洲第四位。哥伦比亚是世界上最大的高档绿宝石出口国，出口量占全世界总供应量的一半以上。

国家风采

哥伦比亚原为印第安人的居住地，16世纪前期沦为西班牙殖民地。1810年7月20日，哥伦比亚宣布独立，但后来遭到镇压，至1819年重获解放。1821年，哥伦比亚与厄瓜多尔、委内瑞拉、巴拿马组成"大哥伦比亚共和国"，直到1830年解体。之后，哥伦比亚两度更名，直到1886年更名为现今的"哥伦比亚共和国"。哥伦比亚的国民经济支柱产业为农业和矿业。

哥伦比亚黄金博物馆——位于哥伦比亚首都波哥大，是世界上收藏黄金器物最多的地方，馆内收藏着 26000 多件价值无法估量的古代印第安人使用过的金器。

大洋洲

　　大洋洲，世界上面积最小的大洲。大洋洲的意思是"被大洋环绕的陆地"，地跨南北两个半球。大洋洲人口约 4030 万人，有 14 个独立国家，其中澳大利亚和新西兰是发达国家，其他岛国多为农业国，经济比较落后。这里有世界上最独特的野生动物，如袋鼠、树懒、鸭嘴兽和几维鸟等。

澳大利亚

澳大利亚，原意是"南方的大陆"，位于南半球，首都堪培拉。澳大利亚是一片独立的陆地，四面环海，是世界上唯一一个独占一个大陆的国家，拥有很多属于自己的独特动植物资源和自然景观。

国家风采

澳大利亚是南半球经济最发达的国家，全球第12大经济体。因为多种矿产和羊毛出口量位居世界第一，澳大利亚也被称为"坐在矿车上的国家"和"骑在羊背上的国家"。澳大利亚还被称为"世界活化石博物馆"——据统计，澳大利亚有植物1.2万种，其中9000种是其他国家没有的；有鸟类650种，其中450种是澳大利亚特有的。澳大利亚的代表动物有袋鼠、鸸鹋、树袋熊、鸭嘴兽等。

树袋熊——又称考拉，它们既是澳大利亚的国宝，也是澳大利亚奇特而珍贵的原始树栖动物。

斐济

斐济，位于南太平洋，是个岛国，首都苏瓦。斐济由332个岛屿组成，其中多数为珊瑚礁环绕的火山岛，主要有维提岛和瓦努阿岛等。斐济地跨东、西半球，180度经线贯穿其中。

国家风采

斐济是太平洋岛国中经济实力较强、经济发展较好的国家。制糖业、旅游业是斐济的国民经济支柱。旅游业较发达，旅游收入是斐济最大的外汇收入来源。普通的大海是蓝色的，但是斐济的大海却是彩色的，因为无数奇形怪状、色彩斑斓的海鱼在水里畅游，将大海搅得五彩缤纷。斐济拥有300多个大小不一的岛屿，这些岛屿被环状的珊瑚礁包围，所以成了鱼儿的天堂。

斐济——自古就是以部落为单位所组成的国家，岛上至今保留着许多传统房屋和传统习俗。

童眼看世界
认世界 >>

汤加

汤加，位于太平洋西南部的赤道附近，是由 173 个岛屿组成的岛国，其中大部分为珊瑚岛，首都努库阿洛法。汤加是一个地域面积小、人口密度比较高的国家，约 747 平方千米的陆地上居住了约 10.7 万人。

国家风采

3000 多年前，波利尼亚人就在汤加的塔布岛定居了。1845 年，汤加王国由多个岛屿联合而成，1875 年实行君主立宪制至今。汤加经济不发达，农业是主要产业之一，但基本靠自然发展，以小农场为主，作物品种单调，耕作方式原始，技术比较落后，农业产量不高。汤加海域辽阔，渔业资源较丰富，以金枪鱼出口为主。旅游业是汤加政府大力发展的经济产业之一。

喷潮洞——位于汤加塔布岛南岸,是南太平洋独特的奇观。

新西兰

　　新西兰，位于太平洋，领土由南岛、北岛两大岛屿组成，首都惠灵顿以及最大城市奥克兰均位于北岛。新西兰是一个高度发达的资本主义国家，也是全球最美丽的国家之一。

国家风采

　　约在一亿年前，新西兰与大陆分离，从而使许多原始的动植物得以在孤立的环境中存活和演化。除了独特的动物和植物之外，这里还有地形多变的壮丽的自然景观。新西兰很接近国际日期变更线，是全世界最早进入新的一天的国家之一，查塔姆群岛和吉斯伯恩市是全世界最先迎接新的一天到来的地方。新西兰经济发达，鹿茸、羊肉、奶制品和粗羊毛的出口值皆为世界第一。

皇后镇——一个被南
阿尔卑斯山包围的新西兰
美丽小镇，也是一个依山
傍水的美丽城市。

所罗门群岛

所罗门群岛，位于太平洋西南部，属于美拉尼西亚群岛，是南太平洋的一个岛国，共有超过 990 个岛，陆地总面积共有 28450 平方千米。首都霍尼亚拉，是第二次世界大战在太平洋的转折点所在地。

国家风采

所罗门群岛早在 3000 年前就有人居住，1568 年西班牙人发现该岛并命名为所罗门群岛。所罗门群岛是世界上最不发达的国家之一，这里大多数人以农业、渔业和黄金开采为生，制造业不发达，石油产品依赖进口。所罗门群岛是世界上渔业资源最丰富的国家之一，每年生产的金枪鱼约 8 万吨。由于所罗门沿海地势较平坦，没有海洋污染，所以这些海域被视为世界上最好的潜水区之一。

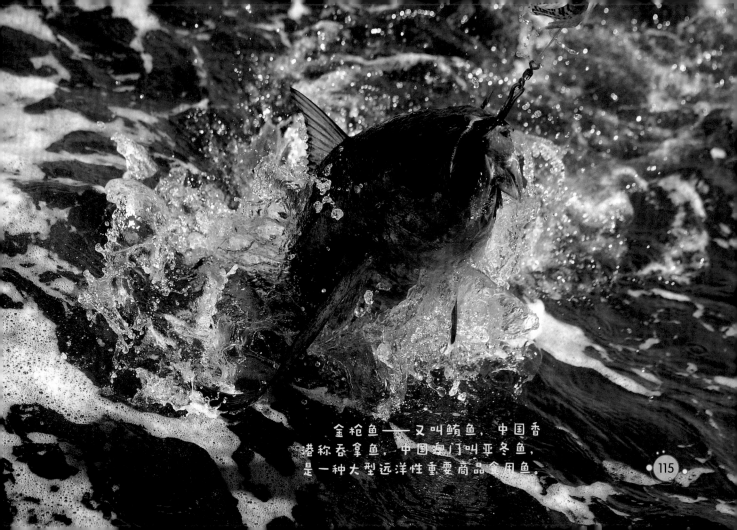

金枪鱼——又叫鲔鱼，中国香港称吞拿鱼，中国厦门叫亚冬鱼，是一种大型远洋性重要商品食用鱼。

115

南极洲

　　南极洲，位于地球南端，四周被海洋包围。全境为平均海拔 2350 米的大高原，是世界上平均海拔最高的洲。在南极圈内，暖季有连续的极昼，寒季则有连续的极夜，并有绚丽的弧形极光出现。南极常见动物有企鹅、海象、海狮、信天翁等。在冬季，南极的温度低至零下 90℃，风暴来临时，风速高达 320 千米 / 时。

南极气候

南极圈内（南纬66°33′以南）终年寒冷，是世界最冷的地区。极夜和极昼最长可达半年的气候被称为南极气候。"寒极""风极""白色沙漠"和"冰雪世界"是南极气候的四大特点。

南极风采

南极洲是世界上最冷的大陆，也是世界上风暴最多的地区，是名副其实的"风暴王国"。由于南极降雨极少，年平均降水量只有30～50毫米，这里也被称为"白色沙漠"。南极没有四季之分，仅有暖、寒季的区别。南极虽然酷寒，没有人类居住，但其却是一个生机勃勃的动物世界——这里有七种企鹅，被人熟知的有帝企鹅、阿德利企鹅、巴布亚企鹅、帽带企鹅，等等。

南极洲——世界上地理纬度最高的一个大洲，陆地总面积1390万平方千米。

南极矿产

　　南极蕴藏的矿产极其丰富，有220多种。主要有煤、石油、天然气、铂、铀、铁、锰、铜、镍、钴、铬、铅、锡、锌、金、铝、锑、石墨、银、金刚石等。主要分布在东南极洲、南极半岛和沿海岛屿地区。

南极风采

　　南极的大陆有世界上最大的煤田，储藏量约达5000亿吨。科学家推测，这些煤田是经过长途漂移，从暖温带来到这里的。南极的石油资源也极为丰富，虽然目前还没有探明储量有多少，但预计也不会少。南极的铁矿含铁品位高，有"南极铁山"之称，科学家估计南极的铁矿能供世界开发利用200年之久，是世界上铁矿储量最多的地方。

南极岩石——南极洲几乎终年被冰雪覆盖，只有极小面积在夏季时冰雪融化，岩石裸露。

南极生物资源

由于自然环境极为严酷，南极洲的生物种类十分稀少，是世界上生物资源最少的洲，尤其是在内陆地区，几乎不存在自然生命。但是海洋里的生物资源却很丰富，有大量的海藻、珊瑚、海星、磷虾等生物。

南极风采

南极陆地生物较为稀少，绝大部分分布在南极半岛和沿海地带及岛屿。海岸和岛屿附近有鸟类和海兽，鸟类以企鹅为主，海兽主要有海豹、海狮和海豚等。南极海洋生物很丰富，其中磷虾的蕴藏量居世界之首，有4亿～6亿吨，是南极洲海域众多生物（例如鱼类、海鸟、海豹、企鹅、鲸等）的主要食物来源。南极还拥有地球上最大的淡水资源库，约占地球淡水的72%。

帝企鹅——企鹅家族中个体最大的物种，一般身高都在 90 厘米以上，是唯一在南极的寒季进行繁殖的企鹅。

南极与科考

自人类发现了我们居住的星球上最后一块大陆——南极洲之后约半个世纪，就有不少科学家们迫不及待地去探索白色大陆的奥秘，开展一些初期的科学考察活动，南极科考站由此建立。

南极风采

为了保护南极环境，人们在南极地区划分了许多特殊保护区、科学兴趣区、特殊管理区、历史纪念点等。为了加强对南极环境的保护，还规定各国南极考察队要设立专门负责环境保护的官员。各国考察船、考察站要建立污水、垃圾、油污和其他污物的处理装置，对各种垃圾、污物进行分类处理，要特别注意对南极的生态环境和自然景观进行保护。

科学考察船——用于调查研究海洋水文、地质、气象、生物等特殊任务的船舶，很多国家都派了考察船前往南极进行科学考察。

环境保护

环境保护，涉及的范围包含自然科学和社会科学等领域。环保的形式也多种多样，可以通过行政、法律、经济、科学技术、民间自发环保组织等来保护环境。南极环境保护的内容同其他环境保护的一样，包括自然环境保护和防止污染及其他公害两个方面。

南极风采

人类社会的发展给地球带来了不同程度的破坏。首先土壤被破坏，由于森林被乱砍滥伐，所以水土流失严重。其次是化学污染，工业生产带来的数百万种化合物存在于空气、土壤、水、植物、动物和人体中，影响到人和动植物的健康。还有空气污染、臭氧层破坏等，这些都使我们的地球越来越千疮百孔。而它们也都间接影响到人口极少的南极洲，环境保护刻不容缓。

南设得兰群岛——这里有不少科
学考察站，每个站点都要遵守《南极
条约》，以便保护当地环境。

127

图书在版编目（CIP）数据

认世界 / 新华美誉编著 . -- 北京 : 北京理工大学
出版社 , 2021.8
（童眼看世界 : 升级版）
ISBN 978-7-5763-0038-3

Ⅰ . ①认… Ⅱ . ①新… Ⅲ . ①世界—概况—儿童读物
Ⅳ . ① K91-49

中国版本图书馆 CIP 数据核字 (2021) 第 136325 号

出版发行 / 北京理工大学出版社有限责任公司
社　　址 / 北京市海淀区中关村南大街 5 号
邮　　编 / 100081
电　　话 /（010）68914775（总编室）
　　　　　（010）82562903（教材售后服务热线）
　　　　　（010）68944723（其他图书服务热线）
网　　址 / http://www.bitpress.com.cn
经　　销 / 全国各地新华书店
印　　刷 / 天津融正印刷有限公司
开　　本 / 850 毫米 × 1168 毫米　1/32
印　　张 / 16
字　　数 / 240 千字
版　　次 / 2021 年 9 月第 1 版　　2021 年 9 月第 1 次印刷
定　　价 / 80.00 元（全四册）

责任编辑：梁铜华
文案编辑：杜　枝
责任校对：刘亚男
责任印制：施胜娟